BUDEBUZHI DE
RENLEI WENMING

不得不知的人类文明

中国民宅游

ZHONGGUO MINZHAI YOU

知识达人 编著

成都地图出版社

图书在版编目（CIP）数据

中国民宅游 / 知识达人编著 . —— 成都：成都地图
出版社，2017.2（2022.5 重印）
（不得不知的人类文明）
ISBN 978-7-5557-0440-9

Ⅰ . ①中… Ⅱ . ①知… Ⅲ . ①民居—介绍—中国
Ⅳ . ① TU241.5

中国版本图书馆 CIP 数据核字 (2016) 第 210830 号

不得不知的人类文明——中国民宅游

责任编辑：王　颖
封面设计：纸上魔方

出版发行：成都地图出版社
地　　址：成都市龙泉驿区建设路 2 号
邮政编码：610100
电　　话：028 - 84884826（营销部）
传　　真：028 - 84884820

印　　刷：三河市人民印务有限公司
（如发现印装质量问题，影响阅读，请与印刷厂商联系调换）

开　　本：710mm×1000mm　1/16
印　　张：8　　　　　　字　　数：160 千字
版　　次：2017 年 2 月第 1 版　　印　　次：2022 年 5 月第 5 次印刷
书　　号：ISBN 978-7-5557-0440-9
定　　价：38.00 元

　　为什么古巴比伦城被称为"空中的花园"？威尼斯为什么建在水上？四大文明要到哪里去寻找呢？拉菲庄园为什么盛产葡萄酒？你想听听赵州桥的故事吗？你知道男人女人都不穿鞋的边陲古寨在哪里吗？你去过美丽峡谷中的德夯苗寨吗？

　　《不得不知的人类文明》包括宫殿城堡、古村古镇、建筑奇迹等。它通过浅显易懂的语言、轻松幽默的漫画、丰富有趣的知识点，为孩子营造了一个超级广阔的阅读和想象空间。

　　让我们现在就出发，一起去了解人类文明吧！

目录

目录

目录

四合院为什么是方形的

　　在繁华的北京城里，我们经常能够看到一种造型奇怪的房子。这种房子特别的大，四四方方的，看上去就像是一个"口"字，安安静静地坐落在北京城内的大小胡同里，像是一位上了年纪却充满智慧的老爷爷。为什么在满是高楼大厦的北京还会有这样的房子呢？它们有什么特别的地方吗？下面就随着我一起去看个究竟吧。

　　其实啊，这是一种叫作"四合院"的民宅，是北京城中最具

有特色的一种建筑哦!

四合院的结构十分特殊,我们从"四合院"这个名字上看,"四"指的就是东南西北四个方向;"合"就是将四座不同走向的房子连在一起,形成了一个"口"字!这样的设计,主要是因为在中国人固有的传统观念中,认为"天圆地方",所以人应该住在方形的房子里。

建造四合院有很多的讲究,最标准的四合院是以胡同为东西线、"坐北朝南"的。房子里面房间的布局也是一门学问,北边的房子是正房,也就是主人住的地方;南边的是叫"倒座房",也就是南房;东、西两边就是厢房。这四座房子本身不相连,只是依靠转角处的游廊连接在一起,加上外围的一堵围墙,从空中

看下去就像是四个围在一起的小盒子。而且这些房子内在的布局环环相扣，各个房子中的房间相互连接，如果不熟悉房间格局，说不定就会迷路哦。

四合院的院子虽然很大，但是每一部分的设计都很精致。单单是大门的零配件就有门楼、门洞、门扇、门框、腰枋和塞余板等，光这样一座大门就占据了一间房子的面积呢！院子的中间还建有一块很大的庭院，大人们可以在里面养花种草，小孩子们可以在里面玩耍嬉戏。在闷热的夏夜里，人们还喜欢聚集在庭院里纳凉、聊天。

四合院的历史十分悠久，早在3000多年前，中国西周就已经出现完整的四合院建筑了。到了元朝，四合院这种极具特色的民宅建筑开始大规模建造，但因为建筑工业的落后，当时的四合院

还比较简洁，不尚雕琢。直到明朝，建筑工业与经济得到了飞速发展，在财力与技术的支持下，四合院才开始变得精美起来。后来清朝的统治者为了能够跟汉族好好相处，于是下令继承了明朝四合院的建筑风格，并让满族人都住到城里来。时间一久，满族人便自然而然地接受了四合院，并喜欢上了这种极具汉族特色的民宅，于是清朝时期就成为了四合院的鼎盛时期。

可令人惋惜的是，清朝末年列强入侵北京城，不仅大肆烧杀抢掠，还大面积地毁坏了许多宝贵文物。四合院在一次次的暴行中也没能幸免于难，加上解放后的北京城进行了旧城改造，四合

院的文化出现了短暂的衰弱期。那时，很多人都以为四合院的时期就此结束了，但事实证明，四合院是一种生命力很强的民宅建筑，它以自身所具有的非凡魅力让人们最终没能忍心将它遗弃。

20世纪80年代之后，越来越多的人开始怀念北京的四合院文化，一些回国的华侨和富商开始买下荒废在北京城里的旧院子，并对它们进行了改造。新改造的四合院依然保留着独特的外表和浓郁的中国传统风格，而房子里面却新增了许多现代化的物件，如彩电、冰箱和洗衣机等。这使四合院成为了一个古朴与现代化的完美结合体，也逐渐迎来了它的又一个巅峰时期。

黄土怎么盖成房子

　　"我家住在黄土高坡，大风从坡上刮过！不管是西北风还是东南风，都是我的歌我的歌。"每当听到这首熟悉的《黄土高坡》时，你有没有好奇过，生活在黄土高坡上的人们都住在什么样的房子里呢？说到这里，一种叫作"窑洞"的民宅就该登场啦！

　　在我国的陕西、甘肃和宁夏、新疆等地区，地下的黄土层十分深厚，最厚的地段甚至达到了数千米！生活在那里的人们很难生产出砖块、水泥来建造房子，于是他们就想到在这些深厚的黄土层中打洞，建成各式各样的窑

洞来居住。这些窑洞一般分为下沉式窑洞、靠崖式窑洞和独立式窑洞，在我国陕西延安、甘肃兰州、宁夏固原、新疆的吐鲁番和喀什等地区都很常见。因为它具有冬暖夏凉、防火、不占用耕地和省钱等优点，因此深受高原人民的喜爱。

单单只是听到"打窑洞"三个字，你也许会在心里说：不就是在黄土上打洞吗？这还不简单？如果这样想，那你可就错了。建造窑洞的方法十分复杂，而且因为时代的进步，越来越多人离开了窑洞，会建造窑洞的人也越来越少，很多打造窑洞的方法都已经失传了，现在

的人们只能靠观察老旧的窑洞来推测它曾经的建筑方法。

打窑洞一般分为三步。在选择好了窑洞的位置后，首先要做的就是打地基，地基的形式决定所建造的窑洞的类型。以前的人比较贫穷，没有钱去买牲畜和车子来挖地基，只能靠人力一点点地挖掘黄土，时间久了手上就会长满老茧，肩上的皮也会一次次地脱落，十分辛苦！但是窑洞是一种非常舒适的住所，为了能够拥有一个窑洞，很多人都觉得再辛苦也是值得的。打完地基之后，紧接着就是打窑洞了。打窑洞是要将洞的形状打出来，这是一门"慢工出细活"的工作，如果操之过急，窑洞就很有可能会坍塌。打好窑洞，就该细致地修饰窑洞了。在这个阶段，人们要做一项叫作"剔窑"的工作，就是从窑顶开始修整出拱形，并将窑壁刮得光滑平整，完成了这项工作，"打窑"这个步骤才算结束。最后就是扎山墙、安门窗的工作。要选好位置，计算好房间的透光度，然后装好窗子。这项工作看上去是最简单、轻松的，但却是至关重要的，因为这关系到房间的采光度，直接影响人们今后在窑洞中的生活质量呢！

窑洞完美地运用了力学原理，屋顶部分的压力被一分为二，以达成平衡，具有极强的稳定性。很多生活在黄土高原上的人们，努力一辈子就是为了能够多开几个窑洞。高原上的人们认为，只有开了窑洞、娶了媳妇才算得上是真正的成家立业。窑洞是一种著名的"绿色建筑"，因为具有坚固耐用的特点，很多地方甚至还保留着用了上百年，甚至上千年的窑洞呢！窑洞凝聚了无数高原人民的心血，是高原人民智慧的结晶。

黄土高原为什么有这么多的黄土？

黄土高原是世界上最大的黄土沉积区，这里的高原地貌是由于地壳运动挤压而成的。黄土高原上曾经也有茂密的植被，但是因为人类的过度砍伐而导致土地荒芜，再加上气候干燥，因此水土流失现象严重，才会变成现在这样的不毛之地。

客家人为什么住在圆形的房子里

如果你到福建去旅游的话，就会看到一种奇怪的建筑坐落在山谷中。这种建筑巨大、恢宏，从高处俯瞰，就能看到它们圆环形的屋顶，低调地潜伏在绿叶中。这究竟是一种什么建筑呢？什么样的人会住在这么奇怪的建筑当中呢？其实啊，这就是客家土楼中的一个杰出代表——圆楼。

这种建筑之所以叫作"圆楼"，是因为它们的结构和形状是圆形的。客家人认为圆形的楼房不仅能够更好地采光和监视外

敌，还能防止山林间豺狼虎豹的侵袭，于是便发明建造了圆楼。

　　圆楼作为一种群居民宅，其最大的特点就是"大"。最普通的圆楼也有百来间房屋，能够容纳四十多户人家。这些巨大的圆楼接受当地所有同宗的客家人一起居住，简直就是一个世外桃源。圆楼的结构很复杂，一般会以一个圆点为中心，不断向外展开半径不同的同心圆，一环扣着一环，就像是下雨天，雨滴落入水中荡漾开的水波一样，一圈圈地向外扩散，自高处望下去，十分壮观。这种圆楼一般有两到三圈，最中心一般都是祖堂，然后是客房，到了最外围才是主人居住的地方，分为四层，高度可以达到十余米！不过，千万不要因为圆楼有着如此霸气的整体结构，就觉得它是一种"粗枝大叶"的建筑。圆楼的外表虽然古

朴、庞大，但其内部的装饰却非常精致。楼房中的窗台、门廊和檐角，其华美程度绝对不输于其他以雅致著称的建筑呢！圆楼另外一个特点就是它的建筑材料都是就地取材的，只用当地的生土来造房子，浑身上下都找不到钢筋、水泥的踪影。这样建起的高墙，光是基底就有3米宽，最高最窄的地方也有1米多宽，它有效地抵御了外敌，保障了生活在圆楼内的人们的安全。

圆楼的历史非常悠久，是南方民宅建筑中的一朵奇葩。圆楼的前身是唐朝将领陈元光来到漳州后建立的城堡和山寨建筑，但是修建的鼎盛时期却是在社会动乱与客家人开始从中原地区向着南方地区迁移的时候。这个漫长的时期包含着唐末黄巢之乱、南宋的衰败以及明末清初。在这段时间中，客家人逐渐迁徙定居

到中国的东南部地区，也在一定程度上将客家土楼文化推上了顶峰。御敌、聚居是客家人的中心思想，客家人运用自己的智慧，找到了圆楼这种能够两者兼顾的民宅建筑，并在圆楼中生生不息，世代繁衍。可以说，圆楼不仅仅是客家人的智慧结晶，更是以聚居的传统生活方式反映了中国儒家"大同"的哲学思想，是我国五千年历史源远流长的一个体现。

圆楼在客家土楼中的数量并不多，它是客家土楼的一种升华。现在的客家圆楼里依然住着许多客家人，他们依旧与世无争，安静祥和

地生活着。但是随着旅游业的发展，圆楼也逐渐成为福建地区的一个风景代表，不断地迎接着世界各地的游客前来参观。也正是因为它独特的文化魅力，客家土楼于2008年被列入了《世界文化遗产名录》，受到了来自社会各界的关注和保护，在中国民宅建筑史上留下了辉煌的一页。说到这里，你是不是感到客家圆楼十分伟大呢？是不是想马上目睹一下客家圆楼的风采呢？俗话说，"百闻不如一见"，听闻再多对客家圆楼的赞美之词，都不如亲自去看一看，还在等什么，赶快行动吧！

世界文化遗产

蒙古包是如何建成的

　　"天苍苍，野茫茫，风吹草低见牛羊。"你知道这句著名的北朝民歌描述的是哪里吗？让我来告诉你吧，这句民歌说的就是我国北部美丽辽阔的大草原。那里牛羊成群、草木丰盛，游牧民族每天在马背上放牧、歌唱，自由而快乐。在这片大草原上，我们经常能够看到一种造型奇特的民宅，它们有大有小，像一颗颗珍珠一样镶嵌在绿色原野

上，为广阔的大草原增添了几分美丽。

这些珍珠一般的民宅，就是著名的蒙古包。

蒙古包是生活在草原上的牧民所居住的一种房子，"包"就是"家""屋"的意思，它在古时又被称为"穹庐""毡包"。蒙古包最大的优点就是便于搭建和搬迁。蒙古包的轻巧灵便十分适合游牧民族逐水草而居的生活方式，他们只需要找到一块水草丰盛的地方，然后根据自己理想居所的大小在地上画一个圈，就可以根据这个圈来搭建蒙古包啦！

那么，蒙古包是怎么搭建起来的呢？搭建蒙古包，第一步就是要建好它的侧壁。由于蒙古包是圆形的，因此搭建它的侧壁，要先将木

条分成好几块，编织成网状，然后再将这些编好的网状墙壁连接在一起围成圆形。蒙古包上面的顶盖要做成伞状的圆顶，并能够与搭建好的侧壁连接在一起。搭建好框架之后，要将顶盖和四周侧壁围上厚厚的毛毡，用绳子固定好，以防止透风漏雨。最后在面向西南的侧壁上留下一个木框，作为大门以供进出；屋顶上也要留出一个天窗，以便采光、透风。搭建完蒙古包之后，还要在里面铺上一层厚厚的毛毯，并将镜框和贴花作为装饰贴在侧壁上。所有工作完成之后，一顶民族特色十分浓厚的蒙古包就搭建好了。到了现在，很多家用电器也被搬进了蒙古包，牧民们在蒙古包内工作生活，生儿育女，日子过得十分惬意。

蒙古包从外表看上去虽然很小，但它内部可以使用的空间可大着呢！据说，在蒙古汗国时代，诸王的蒙古包内可以容纳3000多人；就是到了今天，大型的蒙古包也可以容纳600多人，小型的蒙古包也能住20多人。如果有幸在草原上遇到一个游牧部落，我们甚至能看到几十个巨大的蒙古包就像城堡一样搭建在一起，光是想象一下就能体会到那是一种何等壮观的景象！

　　蒙古包的历史十分久远，几千年流传下来，到了今时今日，已经没有人能回答出"蒙古包到底是什么时候出现的"这个问题了。据说自游牧民族诞生之日起，它就存在了。但是，我们可以根据人类发展的历史来推测出蒙古包的演变过程。最早的时候，古人制造洞室，将木头和石头沿着洞壁搭建，洞室要留有出口供

人进出，还要留出窗口来采光和透气。随着狩猎时代的发展，蒙古人住进了窝棚里，这些窝棚以树枝作为支撑，棚顶呈圆形，不但建造方便，而且遗弃了也不心疼。进入畜牧时代后，为了能够及时更换到水美草肥的地域，帐篷开始出现了。毛毡、支架和门窗结合在一起，便出现了蒙古包的雏形。

　　随着时代的发展，越来越多的蒙古人选择了定居的生活，只有游牧区还保留着以蒙古包作为主要住所的传统，但蒙古包依然是蒙古游牧民族的文化代表。游牧民族终年在广大的草原上驱赶着他们的牛羊、寻找新的牧场，蒙古包不但是他们的行装与居所，也是一位常年陪在他们身边的不会说话的伙伴。

房子如何"吊" 在山林间

　　在贵州少数民族聚居的山区里，我们经常能够看到一种奇怪的小楼。这种小楼的主体是由竹子和木头搭建而成的，背面紧紧地靠着陡峭的山地，正面直接面向开阔的山崖，看上去让人觉得十分凶险。但是当地的少数民族却在这样的竹楼里生活了一代又一代，这种"吊挂"在山间的小楼不仅没有让他们感到担忧和恐慌，反而为他们提供了舒适和安全的生活居所。

　　这呀，就是我国西南地区少数民族的智慧结晶——吊脚楼。

　　听到这个名字你可能会感到有些陌生，并且会产生许多疑问。"吊脚"是什么意思？这种奇怪的竹楼是谁发明的？它又是怎么搭建的？生活在这样的小楼里有什么好处吗？嘿嘿，不要着

急，下面就让我一个一个为你解答这些问题。

吊脚楼还有个名字叫作"吊楼"，顾名思义就是指悬空建造在山林间的房子。吊脚楼主要分布在云南、湖北和贵州等地区，是一种民族性和地域性极强的民宅。吊脚楼属于"半干栏"式的建筑。但随着时代的发展，吊脚楼也开始讲究房子的朝向，一般是坐西朝东，或者是坐东朝西。

关于吊脚楼的来源，还有一个美丽的故事呢。

传说很久很久以前，土家人的家乡发生了水灾。流离失所的土

家人没有去处，辗转来到了湖北西部，那个时候的湖北西部到处都是古木参天、郁郁葱葱的，放眼望去皆是无穷无尽的山林，根本就找不到适合人类居住的地方。初来乍到的土家人根据自己的传统习惯在这片区域搭建了"狗爪棚"，但是经常遭到野兽袭击。于是土家人就在火堆里面放入竹节，火燃烧的时候，里面的竹子受到影响发出"噼里啪啦"的响声，吓跑了山林间的猛兽，但却依然没有办法驱赶毒蛇和各种虫子。正当族人都一筹莫展的时候，一位土家族的长老想到了一个办法，他让年轻人以现有的参天大树作为支架，在上面用树枝固定，铺上竹子、木条这些东西，然后再在上面盖上顶棚，这样，架在树上的"空中楼房"就建造好了。这样的"空中楼房"不仅能够抵御猛兽的袭击，就连虫子和毒蛇也很难接近，于是土家人便开始了在"空中楼房"中的生活，并世代流传了下来。

建造一座吊脚楼对很多土家人来说都是人生中的一件大事。搭建吊脚楼的方法一般分为四步，第一步就是"伐青山"，也就是将要用到的木材全部准备好。土家人多半会选用名字里带有谐音"春"和"子"的椿树和紫树来作为建房的木材，以取得一个"春常在，子孙旺"的好兆头。准备好木材后，就要开始"架大码"了，这一道工序其实就是加工木材，为房子的搭建做准备。别以为这只是简单地切割木料哦！在这一步，土家人不仅仅要将木料的形状加工好，还要在梁上画上太极图、八卦图等图案，既吉利又好看。第三道工

序叫作"排扇"，就是把第二步加工好的横梁和柱子接上榫头，排成木扇的样子。最后就是"立屋竖柱"，这一步至关重要，房主要选择一个好日子，叫上乡亲朋友们来帮忙，先祭梁，然后大家一起将一排排木扇给竖起来。这一天对房主来说就像是一个盛大的节日，鞭炮齐放，父老乡亲纷纷向主人送礼祝贺，好不热闹。"立屋竖柱"之后，房子的范围和形状大概就已经固定了，之后就要开始做钉椽角、盖瓦、装板壁等一系列繁琐的工作，富有的人家还要装饰屋顶，做"向天飞檐"，装饰阳台，雕龙画凤，来显示出自己的尊贵。

大多数的吊脚楼都有两层，上面一层干燥通风，采光也好，供人居住；下面一层较为阴暗潮湿，用来储藏物品和圈养牲畜。吊脚楼就地取材，成本低廉，是当地居民建房的首选。这些小竹楼依山而建，顺应了地势，不仅很好地适应了山林间的生态环境，还能够让土家人轻松地生活在山间。一座座吊脚楼与周围的山林水色交相辉映，房屋与自然浑然天成，一种和谐的美感扑面而来。所以若是有机会到云南等地旅游，你可千万别忘了

走进山间去看看这种神奇的建筑。千百年来，它们默默无闻地为当地的居民遮风挡雨，带去温暖与庇护，在未来的日子里它们还将继续履行自己的职责。

扬州民宅为什么多而不乱

　　扬州给大多数人的感觉就像是一位端庄的淑女，恬静而高雅，浑身上下充满了诗情画意。那么，在这样一个历史悠久、钟灵毓秀的地方，又矗立着一些什么样的特色民宅建筑呢？

　　如果你很想知道的话，就让我细细地说给你听吧！

　　扬州民宅自成一派，高墙园林的搭配，看上去非常高贵典雅，但它最大的特点还是那严谨规整的排列方式。扬州民宅算得上是一种南方地区最为典型的民宅，它以院落为单

位，组合排列，遵循着十分严谨的布局规划来建造房屋。这些房屋不管大小，房间、走廊和厢房之间都配置得十分恰当，比例协调。可以说，整座扬州民宅的建筑风格就是整齐、规范。你可能觉得这样的房屋布局会显得单调而缺少生气，但事实上，正是因为这样统一紧密的规划，才让整座扬州民宅区看上去既简洁大方，又十分雅致。

扬州民宅中蕴含着深厚的儒家思想和审美情趣。它们那依照中轴对称和厢房对称的建筑标准，都是受到了儒家思想中"中庸"的影响。其次，在美化方面，房子的屋面坡度由陡峭到曲

折再到上翘，每个变化的瞬间都极具美感。在单一房子的布局方面，房子与房子、天井、院落、巷子之间相互连接，融会贯通，宽阔处设立的庭院更是让房子的观赏度又上了一个层次。不难想象，如果住在这样的民宅里，不仅生活舒适，还能时时见到满园赏心悦目的景色，真如置身仙境一般。

扬州民宅附近的小巷四通八达、纵横交错，宽阔的地方可以推车，狭窄的地方只能允许一人通过。这些密集的"网络"加上四周用独特的混水法砌墙技术筑起的青砖外墙，经常会给人一种"高"和"冷"的感觉。

但随着时代的发展，现如今当地居民基本已经搬离这样的传统老宅了。比起这种古典、雅致的宅院，人们似乎更喜欢住在鳞次栉比的高楼大厦里。

现存的扬州古宅基本上都是明清时期流传下来的，大多集中在扬州的老城区。其中很大一部分都是交由政府管理和保护，其余一小部分古宅被分给了一些住房困难户居住。也正是因为这样，许多古宅都进行了重新装修，直接导致房子内部遭到了一些人为的修改，房子的古风不存，看着让人十分心痛。

如果你想要领略一下扬州民宅的真正魅力，可以去"汪氏小苑""个园"和"馥园"等民宅去看看。它们虽然年代比较久远，也不是什么大型的古宅建筑，但这些民宅在政府的管理下，保存得还算比较完好。曾经的扬州，因为京杭大运河的开凿而诞生了许多传奇，却也因为京杭大运河在现代逐渐失去原有重要的地位而逐渐衰微。那些沉寂在夕阳中的古宅如今就像是迟暮的老人，虽不会死去，却渐渐没落。

京杭大运河都通过哪些地方？

京杭大运河是世界上最长的运河，也是我国古代最伟大的水利工程之一。它南起杭州，北至北京通县北关，全长1700多千米。它不仅横穿浙江、江苏、山东、河北、天津、北京6个省市，还沟通了钱塘江、长江、淮河、黄河和海河这五大水系。

皖南民居如何传承文化

在我国安徽省长江以南的山区，坐落着一片古村落，将这里装点得如同世外桃源一般。古村落里的皖南民宅杂糅着浓浓的徽州风格和淮扬风格，如摇篮一般，呵护着一代又一代的皖南人成长、生活，繁衍不息。

皖南民宅的选址、建造和布局都要依据《周易》中的理论，这可不是迷信哦！刚好相反，皖南人对于自然和建房的重视，恰恰体现出了"天人合一"的中国传统思想。皖南民宅从选址直到落成，都十分符合科学规律，是中国世世代代劳动人民智慧的集

中体现，而村中的水利工程更可以说是当地居民智慧的一种升华了。皖南人创造出的贯穿村落的水利系统将实用与美学相结合，不仅便利了当地人的生活，更是美化了整个村落的环境，是一个人类合理改造自然的优秀典范。

　　皖南民宅通常都是两层以上的小楼房，房子的中间会有一个很小的天井，厅堂的设计非常讲究，一般位于天井的北侧。厅堂跟天井之间是不安装门窗的，而在厅堂北侧太师壁的两侧也不安装门。八仙桌之类的家具会放在太师壁的前面，大大的厅堂两侧分别放上椅子跟茶几，如果是讲究的主人，还会在这些茶几上面摆放一些物品作为装饰。

如果光是凭借着优越的选址和富有特色的布局，皖南民宅也不见得会被世人如此称赞。皖南民宅最为难得的是，它虽然是民宅，但其艺术造诣和人文情怀却早已经超出了"民"的范畴。它那高雅脱俗的设计、落落大方的构造和精巧别致的细微之处，无不体现出一种"文人"的气质，它不仅在建筑设计方面为各地的民宅树立了榜样，在人文情怀上也超越了大部分的民宅。

　　皖南民宅除了构造特别出彩之外，由其组成的古村落还传承了许多中国传统的文化，其中包括一些中国封建社会后期的特色文化，如程朱理学、宗法文化和风水文化等。这种重视儒家礼数的传统，使许多游人时至今日还能从中体会

到明清时期鼎盛的徽州文化现象。

　　皖南民宅的历史十分久远，其中以西递和宏村两处古村落最为典型。西递村从北宋年间就开始建造了，到现在已经历经了960多年；而宏村则有近千年的历史，是民宅中的一位"长者"。

　　在2000年召开的联合会教科文组织第二十四届世界遗产委员会上，西递和宏村两处古村落最终因其保存完整、传统风味浓厚而被列入《世界遗产名录》，这也是世界上第一次将民宅记录在遗产名录上。

　　皖南民居的发展离不开徽商的发展，徽商的繁荣为家乡的经

济发展带来了源源不断地支持，并且加大教育
力度，使得皖南古村落的发展形成了一个良性循环，保证
了自身欣欣向荣。

对于文化和教育的重视让皖南民居不断走向了辉煌，但是也
正像是它的发展离不开徽商的崛起一样，随着徽商的衰落，皖南
民宅也渐渐步入了黄昏。但皖南民宅已经留给了后人足够多的文
化遗产了，它不愧为中国南方民宅中的一颗珍宝，它将继续在历
史的长河中闪闪发光。

丽江古城
有什么魅力

丽江古城的美名，早已传遍大江南北。美丽纯净的风景，民族风情浓郁的建筑，熙熙攘攘的人群，千奇百怪的少数民族表演，使丽江古城充满了无穷的魅力。那么，丽江古城的民宅又有什么特殊的地方呢？让我们一起去看看吧。

丽江古城又叫"大砚镇"，是中国历史文化名城中唯一一座没有城墙的古城。说起这没有城墙的原因，丽江古城还有一段非常有趣的典故呢。据

说，丽江古城原本的主人姓木，所以在规划城内格局的时候，丽江古城整体呈一个"木"字。但是一旦加上围墙，丽江古城的形状就会变成一个"困"字，于是这位城主干脆就不建造围墙了。

丽江古城地处云贵高原，在古时就非常有名，是当地一座举足轻重的城池。就像所有能够流传至今的民宅一样，丽江古城在选址方面也十分慎重，它很巧妙地利用了当地崎岖宛转的地形，结合了经济利益与战略优势，更是以黑龙潭的水系为主要水源，挖掘出网状水渠，使流水贯穿丽江全城，便于居民使用。

城中的民宅，几乎都有自家独立的小院，院内坐落着木制的红楼。这种小楼透着一股浓郁的明清特色，一般有两层，楼顶覆满密集整齐的瓦片，

正中位置朝南的主房，面对着照壁，一般由家里的长辈居住；两边各是东西厢房，一般由家里的晚辈居住。丽江居民对娇艳的花朵情有独钟，他们的门前通常都会摆放几盆花，还会在小院子里修建一两个小花坛，甚至还会在房檐下种植一些能顺着墙壁向上蜿蜒攀爬的植物。院落大一点的人家，还会在院子里打上一口水井，或是挖一块小方塘，养上几尾小鱼。整个宅院，布局相得益彰，处处绿藤绕梁、花丛掩映，无不透露出一片欣欣向荣。

丽江民宅不仅造型别致，内里布置和雕绘装饰也是精美绝伦。每个房间的门窗都被雕刻上一些栩栩如生的图案，各种花卉图案仿佛能散发出芳香，各种鸟兽图案活灵活现，仿佛呼之欲出。此外，就连梁柱、房檐和屋脊等处也都描画上了许多色彩鲜艳的图案。每座民宅都好像是一件精美的艺术品一样，外观就已世间少有，里面更是别有洞天，怪不得许多建筑界的专家学者们都称赞丽江民居为"民居博物馆"呢！

　　丽江的气候十分宜人，基本没有夏天和冬天，只有春秋两个季节交相更替。日光充足，雨雪较少，这样的气候直接孕育出了丽江迷人的风景。尤其是到了秋季的时候，秋高气爽，万里无云，高原的别样景致配上类似于江南人家的小桥流水，远处还有玉龙雪山作背景，真是美轮美奂，让人驻足观赏而不忍离去。

　　说到这里，你是不是特别感叹丽江人民的智慧呢？丽江古城可以说是少数民族的智慧结晶，到现在这里依然居住着原住民，他们大多是纳西族人，继续延续着他们的民族传统，维护着这座

古色古香的小城，吸引着全国乃至世界上大量的游客来这里参观游玩，体会独特的风情。

1997年，在联合国教科文组织世界遗产委员会第21次全体会议上，丽江古城根据文化遗产标准被列入了《世界遗产名录》。而在2011年，丽江古城也被国家旅游局评定为5A级旅游景区。丽江古城的成就因此而得到了肯定，城内鳞次栉比的民宅也将继续为世界各地的游人们展现它们的风采。

纳西族简介

　　纳西族主要分布在我国云南省的丽江古城区、玉龙纳西族自治区、香格里拉和西藏自治区等区域，现存人口有30万人左右。纳西族的主要语言为纳西语，文字为东巴文和哥巴文，是一支文化程度较高的少数民族。

为什么说"王家归来不看院"

都说"五岳归来不看山，黄山归来不看岳"，这短短14个字就让人体会到了黄山的超群魅力。那你知道谁是民宅中的"黄山"吗？它又有什么特别之处呢？今天就让我们走进位于山西灵石县的王家大院，来感受一下，什么叫作"王家归来不看院"吧！

山西是一个人杰地灵的地方，这里矗立着各种难得一见的古代建筑，除了被列入

《世界遗产名录》的平遥古城，最著名的就是王家大院了。王家大院是由历史上著名的灵石县四大家族之一——静升镇王氏家所建造的，它先后经历了清朝康熙、雍正、乾隆和嘉庆这几个皇帝统治的朝代，也因此被称为"清代民宅建筑的集大成者"，并以充分继承了清代民宅的建筑特色而闻名。王家大院的建筑规模恢弘庞大，占地面积有20多万平方米，其中的五大院落分别对应了龙、虎、凤、麟、龟这五大神兽，构思精巧，美轮美奂。现在可供游客观赏的主要是崇宁堡、红门堡、高家崖和王家祠堂。

王家大院作为民宅的集大成者，其中蕴含的建筑文化让现代人感到既复杂又深奥。在五个古堡中，最具特

色的就是红门堡，这个
象征着龙的院落，在总体布局中蕴含
着一个"王"字，在设计上真是巧夺天工。其细节
布局也遵循着地势的高低走向，高贵典雅的建筑、小桥流水
的景致都出现在了这个院落中。这里的雕刻装饰，大多诞生于
乾隆早期，因而既具有明代粗犷的风格，又极富清代细腻的风
格。每当游人看到这些古老的装饰，都仿佛一下子走进了那个遥
远的时代。

　　崇宁堡和红门堡的总体建筑很相似，它代表着虎，建筑风格
粗犷古朴、院落高深，让人一看便会肃然起敬。这样的建筑风格
与明朝的建筑风格比较相似，可以看出王家大院吸收了许多明代

先进民宅建筑文化的精髓。

　　高家崖是一座与红门堡东西相对的堡垒，中间以一座桥相连，属于全封闭式建筑。这里所有房屋的建造和规划全都本着因地制宜的原则，外面有高墙保证其安全，内里窑洞、瓦房鳞次栉比，房屋内部功能齐全，适合人居住。它们在保持了北方民宅建筑的一贯风格的同时，又体现出了自己个体的特殊性，不得不说是中国民宅建筑中的骄傲。而高家崖比起其他古堡的特殊之处，还在于它的两个主院都是三进式的四合院，两个院子中都有独立的厨房，又有共同的书院和花园。其中大大小小的院子相互连接、错落有致，给人一种步入迷宫的错觉，似乎一个不留神就会迷路。除了四合院式的建筑，这些屋子内的格

局都是严格按照古代中国人"长幼有序""尊卑有别"的礼仪制定的，将一个逝去王朝的民间礼仪传统生动形象地展现在众人面前。

王家大院是中国民宅建筑中优秀的文化遗产，也是世界文化中的一件珍品，在进行了整修和对游人开放之后，王家大院迎来了世界各地的游客的观赏和赞叹，人们纷纷用"华夏民居第一宅""中国民间的故宫"等溢美之词来称赞它，余秋雨等许多文人来过王家大院之后，都赞叹不已，给予它高度的评价。

藏族高碉如何建在石堆上

藏族人民运用自己的智慧，在雄浑的高原上创造出了不同于平原地区的特色文化，这些文化体现在他们虔诚的信仰上，体现在他们的日常生活中，更体现在他们得以安身立命的民宅建筑中。

藏族碉楼，是藏族人民用来居住的一种极具民族特色的民宅建筑。顾名思义，藏族碉楼的形状就像是战争年代两军对抗时所

建的碉堡一样。碉楼分布的地域极广，其中要数甘孜、阿坝等地区最为常见。每个地区的碉楼都因为建造目的和居住者习惯的不同，而有所差别。也正是因为如此，不同地区的碉楼有着不一样的艺术特色和人文情怀，这其中以藏族高碉最为有名。

那么，藏族高碉有什么引人注目的特色呢？这首先就要从高碉的原材料开始讲起了。藏族高碉基本上都是石木结构的，上层用木头搭建，下层用石头作基底。这样的选材搭配，不仅能够固定房屋，还具有轻巧、通风等优点，但这种结构也并不是绝对的。因为藏区地域广阔，所以各个地方在选取木材和石料的时候也会因地制宜。比如在木材丰盛的地方流行着全木质的碉堡，在

木料较少的地方就运用木材和石料结合的方式搭建房屋，而在木材珍稀的地方就选用土坯和石料结合的方式建造建筑样式。藏族高碉看上去就像是一个梯形，底部要大于顶部，虽然从外面看上去越高的墙面就越是往里缩进的，但其内部的墙体却是四面垂直的。当地有一种建造上层房屋的方式，叫作"崩康"，它利用了建筑学中的井干式建筑手法。运用"崩康"建造出的房屋，能够让室内保持一定的温度，冬暖夏凉，起到了空调的作用，十分有效地改善了高碉内的居住环境。

　　高碉的造型十分多变，一般高碉的高度都在20米以上。而在甘孜的蒲角顶，我们甚至还能看到50多米高的高碉，据说是曾经当地的长老为了彰显自己的财力而建造的。在这些高低起伏、像是巨人一样的高碉中，又存在着四角、五角、六角、八角、十二角，甚至十三角的区别。现在到藏区，我们仍然可以看到各式各样的高碉竖立在高原之上，像是一群随时准备冲锋陷阵的铁甲猛士一样。

　　在藏族的一些地区，拥有一座高碉是一个小伙子可以娶妻的重要标准，甚至道孚中一个叫作扎坝的地方，还流传着一个与高碉有关的特色走婚习俗呢。在那里，高碉是检验小伙子的忠诚度和勇气的标准，因为小伙子为了见到住在高地上的心爱姑娘，就要学会在高碉上"飞檐走壁"，接连爬上几层楼高才能与姑娘相

聚，所以徒手爬楼就成为了当地小伙子必备的技能，也是他们能否迎娶到新娘的关键。这是不是让你联想到了童话中那个被困在高塔中的莴苣姑娘呢？莴苣姑娘在高楼上等待勇敢的骑士来解救自己，是不是跟这些住在高碉上的姑娘们有着异曲同工之妙呢？

即使到了现代，高碉也依然具有很大的居住价值和观赏价值。藏区海拔较高，空气稀薄，建筑原材料稀少，但充满智慧的藏族人民依旧能够在这片高原大地上找到生存下去的法宝，顽强而快乐地生活下去。

南方也有"四合院"

我们大都认为四合院是中国北方所独有的一种民宅建筑，它们长得四四方方、像个"口"字的形状。但是，其实在中国的南部也是有四合院的。不要感到惊奇，中国地大物博、无奇不有，现在就让我们一起去看看这些南方的四合院，也就是一种被叫作"云南一颗印"的民宅建筑。

大家一定对"云南一颗印"这个名字感到十分好奇吧？其实

这跟北方四合院的形状像"口"字是一个道理，"云南一颗印"也正是因为它的形状四四方方，从高处俯瞰下去就像是一块印章而得名的。

"云南一颗印"主要分布在云南中部地区，是由汉族和彝族两族人民共同创造出来的一块文化瑰宝，它的灵活使用性很强，不管是在山区、平原，还是在城镇、乡村，"云南一颗印"都能为当地的居民带去较好的居住环境。

它们的建筑规模可以视制造者的经济实力而定，分为单幢结构和多幢结构；里屋的布置模式，也都是随主人的喜好来。正因为这些特点，"云南一颗印"十分受当地居民的喜爱，几千年以来一直都是当地居民最温暖舒适的家。

云南地区气候宜人、四季如春，没有严寒酷暑，唯一的缺点就是风较大，所以"云南一颗印"的四面都环绕着厚墙。"云南一颗印"属于土木建筑房，通常以木料作为栋梁支撑房屋，墙体以土坯堆砌而成。其内宅大多是由三间正房和四间耳房构成的，正房一般都是两层楼房，上层用作居室，下层用作堂屋、餐室、粮仓，耳房通常也是两层，它的高度低于一般的正房，据说这样设计的目的是让住在正房中的老人能够享受到更多的日光和增加通风性。耳房的上

层一般作居室，下层作厨房、柴草房或畜廊。这些房子正好围成了一处天井，天井中都设有打水井和石板，居民可以在天井内做饭、洗衣。而为了安全起见，通常外墙上面是不开窗的，所以房子内的光线也都依靠天井引入。可以说，"云南一颗印"的设计很好地适应了当地人口稠密、用地紧张等实际状况，是一个典型的充分利用空间的正面建筑案例。

如果说北方的四合院是"大家闺秀"，那么"云南一颗印"绝对就是"小家碧玉"了。它那秀气的外观和小巧的造型，虽然没有北方四合院的霸气宏伟，但却拥有属于它的温文尔雅与柔情似水。可是让人感到遗憾的是，随着时代的发展，当地居民逐渐都住进了城市的高楼大厦中，"云南一颗印"也像其他很多地区的特色民宅一样开始进入了衰败期。城市的改造和扩建，更是给"云南一颗印"带来了很大的冲击。这种曾经经济实用的建筑，带着它原本所拥有的光彩，正在以一种黯淡而悲伤的姿态，慢慢地走出人们的视线。

什么是天井？

　　天井不同于院子，它是由四周的房屋所围成的空地，是南方民宅的一个重要组成部分。天井的宽度与正房相等，长度与厢房相等，因为占地面积比较小，大部分的光线又被高耸的房屋所阻挡，所以比较幽暗阴冷，像是一口"井"一样，因此才被人们称为"天井"。

少数民族聚居地的
汉族民居是什么样的

　　说起云南，你首先会想到什么？我猜一定离不开美丽的景色、各种各样的动物和各具特色的少数民族吧。我们已经了解了一些云南少数民族居住的民宅，那么，居住在云南地区的汉族人又是住在什么样的民宅里呢？不要着急，今天就让我们一起去参观一座汉族人聚居的云南神秘村庄——团山村。

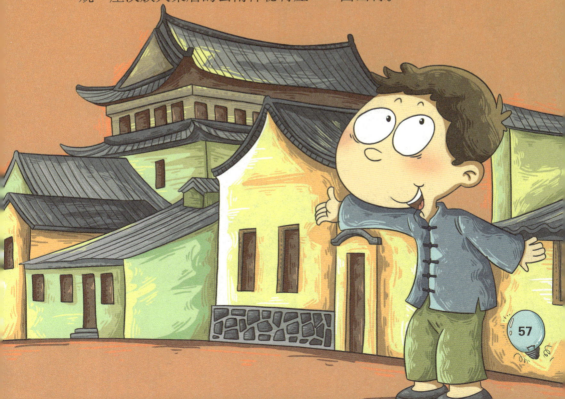

在云南这片少数民族聚居的土地上，占据中国多数人口的汉族人反而显得很特别，几乎每一个汉族人都被问到过自己的身世和故乡。团山村安静地躺在云南省建水县境内，带着汉族文化所特有的含蓄和内敛，祥和地看着这个世界。团山村以张姓为主，现在有200多户人家，村中也住着一些少数民族，但是数量很少。作为少数民族聚居地区的汉族建筑，团山村里的民宅规模巨大、保存完整，在当地显得十分与众不同。团山村的自然风光特别好，种有瓜果蔬菜的规整菜畦、花草繁茂的院落，让整个团山村

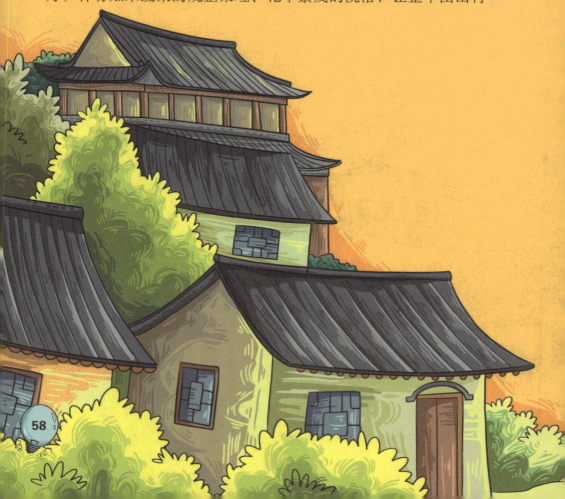

与大自然浑然一体。

　　关于团山村的来历，当地有很多不同的说法，其中流传最广的说法认为团山村的创始人是张福。在明朝洪武年间，一个叫作张福的江西商人云游全国、到处经商，最后来到了建水。他原本只打算在这个地方做生意，结果却发现建水县城外有一片富饶肥沃的土地，那里风光秀美、气候宜人，很适合人们居住，于是张福便开始在这块土地上建房安家。自此以后，张家人在这块土地上繁衍子孙，一代又一代，生活安详而幸福。

　　当然，若单靠张福的家族力量，团山村不

可能达到今天的繁荣。张福的到来，给这里世代务农的人们带来了新的思想，他们开始试着走出这片富足的土地，去看看外面的世界。于是，越来越多的村民开始走出村庄去经商、做工，甚至当官，这些外出的人们又将赚得的钱财拿回来建设家乡。不久之后，村民越来越富足，村中的房子也修得越来越好，世代如此，最后发展成为今天的团山村。而张家人世代以来都用"百忍"作为家训，在村中整修路面、修缮桥梁和打下水井来解决村民的饮水问题，深受团山村人的爱戴。

从整体上来看，团山村的民宅以紧凑舒适著称，房子与房子之间接连不断、此起彼伏，丝毫不浪费空间。团山村的民宅建筑以张家农园最为典

60

型，其主要组成部分为一进院、二进院和花园祠堂。前厅中铺有青石板，两边种植着各种花草，十分秀气高雅。晚辈居住在中院，长辈则居住在后院的正房中。张家农园的院落布置得十分精美，除了一般的雕刻艺术品，苍翠挺拔的树木，还有清澈灵动的水池，将整个庭院映衬得十分别致。

团山村人特别重视读书学习，很喜欢具有教化意义的诗词，所以团山村的人一般都有着很好的修养。他们还普遍具有较高的审美水平，各户人家中多多少少都会有一些独具特色的雕刻装饰，尤其是精细的木雕，格外受到团山村人的喜爱。很多团山村人对于书画也有一定的研究。据说在一座民宅中，主人甚至将100多幅书画绘制在了天花板

上，看上去极为震撼，这种对于书画的喜爱从侧面显示出团山村人对于文化知识的热爱与渴求。

时光飞逝，历经了600多年的风风雨雨，现在的团山村依然有20多座保存完好的汉族传统民宅。当地政府为了能够更好地保存这些充满人文底蕴的建筑，为它们一一编上了门牌号。在以后的岁月里，团山村的这些老宅将继续挺拔在那里，看着团山村人一代一代地继续繁荣下去。

沙漠上的人住在哪里

　　说起维吾尔族，能想到的东西可真不少，有香甜可口的水果，优美好看的舞蹈，烤得滋滋冒油的羊肉串，还有闻名遐迩的馕。但是常年在干旱地区的维吾尔族人，生活并没有大家想象得那么舒服，干旱、炎热是他们时时刻刻要解决的问题。但也正是因为生活在这样艰难的环境中，维吾尔族人才更具顽强的生命力，并酝酿出了他们独具魅力的民族文化。而他们所建造的适合

在干燥地区居住的民宅，便是其民族文化的重要组成部分。

生活在新疆的维吾尔族人早就已经进入了农业社会，因此，他们大都居住在大小不一的村庄里。而他们所居住的民宅因为受到了波斯和阿拉伯等国家建筑风格的影响，所以具有很强的西亚风格。从外表上看去，这些民宅呈一个正方形，屋顶也是平的，就像是一块四四方方的豆腐一样。这些房子的下面一般都会有地下室，用来贮藏食物和水。维吾尔族民居多半采用土木结构，墙体都是由泥土铸成的，具很强的地域性，比较质朴实用。房内窗户都比较小，

因此在屋顶上还会开一个天窗，尽管如此，房间内的采光和通风效果依然比较差，虽然比较适合这个地区的气候环境，但并不舒适。说到这里，你一定会觉得奇怪，这样的房子既然并不舒服，为什么维吾尔族人还要住在这样的房子里呢？

其实啊，前面说的这种民宅是维吾尔族人从前居住的传统民居。随着时代的发展，当地的经济条件变得越来越好，很多的维吾尔族人都住进了楼房或者自己建造的平房里，比之前的房子要宽敞明亮得多。

维吾尔族是一个热爱美好事物的民族，他们会想着办法将自己的房子变得漂亮起来，这其

中有一种叫作"砖饰"的美化手法，虽然用到的都是最为普通的砖石，但是心灵手巧的维吾尔族师傅却可以凭借自己巧夺天工的手艺将普通的砖石雕刻出上百种花纹。维吾尔族民宅的屋内装饰弥漫着浓浓的民族风情。墙壁是白色的，墙上大多挂有壁毯；房内会放置长桌或者圆桌，装饰品的摆放以整洁朴素为基准，家具和摆设上面通常还都会被盖上绣着漂亮花纹的装饰巾；床要靠墙放置，床上只放有一对方枕，显得落落大方、质朴素雅。

　　维吾尔族人的庭院大多十分宽敞，他们喜欢在葡萄架下摆放一张躺椅，以便在阳光明媚的下午躺在椅子上享受生活。这种躺椅被他们称作"卡塔"，一般能够躺下三到四个人。想象一下，炎炎夏日，跟自己的朋友亲人躺在葡萄架下的卡塔上，乘凉谈心，该是多么的惬意呀！维吾尔族人还喜欢在庭院中种上一些瓜果蔬

菜，每当有客人到访的时候，就请客人坐在庭院之中，喝茶弹唱，摘些新鲜的蔬果，聊些新奇的事物，氛围十分愉悦。

　　几百年过去了，很多具有民族特色的维吾尔族民宅都已经消失在了历史长河之中，因此很多书中描写的场景我们也难以再看到。但是其中也还有一些具有代表性的特色，因为自身的优越性而被完整地保留了下来。比如现代的维吾尔族民宅中，还有很大一部分保留着天窗和门廊，院子的大门也喜欢采用双门式，门上喜欢用镶花、雕刻等手法进行装饰。这些特色除了可以反映维吾尔民族的灿烂文化，还能体现出他们对于美的崇拜和对艰苦生活的不屈不挠，值得我们每一个人去学习。

怎么用冰来建造民宅

说到建造房子的材料，你一定能想到木头、泥土或是竹子这些东西，但是你听说过用冰来建造房子吗？是不是觉得难以想象呢？先不要急着说"不可能"，今天就让我带着你去开开眼界，看看用冰建造的房屋吧！

生活在极寒地区的爱斯基摩人，常常会在外出打猎的时候用冰雪为自己建造一座小雪屋。他们首先会找一些比较厚实的雪，

然后将这些雪压实，切成一大块一大块的雪砖，再用这些雪砖来砌成半球形的雪屋，最后用雪将一些空隙填充好。这样雪屋的内部就具备了一定的保温功能，进入到雪屋之后，只需要点上一小把火，将出入口的雪稍微融化掉，整个雪屋就成型了。最后再在雪屋中挂上皮毛保暖，就能躲避风寒，让雪屋成为一个十分暖和的临时"民宅"。

制造雪屋可以说是爱斯基摩人常年在与自然作斗争的过程中得出的智慧果实，说到这里你是不是很佩服爱斯基摩人的智慧呢？但是，在我国的东北，也曾有先人用冰雪来建造房子呢。生活在我国东北的古代鄂伦春族人，在冬季经常要出去狩猎，深夜在野外休息的时候，他们便会在雪地中挖出一个深坑，

四周插上起固定作用的木支架，将兽皮盖在上面作为"屋顶"，然后人进入雪洞中生火取暖。但是这样的临时雪坑与爱斯基摩人所砌的雪屋还是有着比较大的区别的，这种雪坑的密封性极差，也没能发挥出厚雪的保温作用，只是可以遮挡一些风雪并生火来取暖罢了，因此雪坑内十分的寒冷，绝对不能在里面长时间停留。

但临时雪坑只是我国东北冰洞的一个雏形，生活在东北的古代居民们并没有放弃探索这种就地取材的保暖居所，他们最终运用自己的智慧，用冰雪造出了一种长期的住宅——冰雪民宅。其实冰雪民宅最早指的就是地下冰洞，

人们顺着梯子下到冰洞里去，在冰洞的中间生一堆火，再在周围铺上兽皮和毛毯，就拥有一间温暖的冰室了。如果冰洞连着地下洞穴的话，居民还可以住得更深一点，将自己的冰雪民宅延伸到洞穴里面，然后在最深处燃烧一把火，室内就更加暖和了。这样的冰室生在地下，不但能够抵御风雪，还能防止野兽的袭击，真算得上是一种既安全又舒适的"安乐窝"。

但是这样的地下冰洞依然存在着通风差和采光差的缺点，为了解决这些问题，当地的居民渐渐地从地下走了出来，逐渐学会了使用木头搭建木质的民宅来居住。

在这个过程中，生活在东北的赫哲族学会了建造"地窖""马架子"等民宅建筑，但是依然难以解决漏风的问题，直到辽代女真族的时代开始，东北的居民们才真正从穴居过渡到在地面上建造民宅来居住，并开始制造取暖设备来抵御严寒。

而在所有取暖设施中，"炕"应该是东北民宅里最常见的了。南方的居民可能对炕感到很陌生，这是因为南方的气候温暖，当地居民习惯睡在床上。但东北寒冷的天气，让很多当地居民都离不开炕。其实炕就相当于东北人的床，只不过这张床是用砖石砌成的，炕下可生火，会在人们睡觉的时候提供源源不断的热量，让人们安然地度过寒冷的冬天。但是随着时代的发展，东北

的炕也越来越少了，住在城市里的人们开始使用暖气和空调，只有在一些农村中还可以见到热乎乎的炕，象征着东北农民的淳朴与自然。

冰雪民宅可以说是北方寒冷天气所特有的建筑文化现象，这些冰雪给当地的居民带来了无尽的烦恼，却也给他们带来了美丽的北国风光和深厚的冰雪文化。冰雪还给生活在那里的人们提供了不一样的生活体验，除了建造冰雪民宅之外，一件件鬼斧神工的冰雕艺术作品也自人们的巧手中诞生，受到世人的瞩目。

爱斯基摩人生活在哪里？

爱斯基摩人，是北极地区的一支土著民族，因为"爱斯基摩"这个词带有一点贬义的意思，因而他们自称因纽特人。他们的居住范围主要分布在北极圈内外，按国家来说，他们分别居住在丹麦、冰岛、挪威、瑞典、芬兰、美国、加拿大和俄罗斯这8个国家，住的房子有石屋、木屋和雪屋。

为什么说周庄是 "小桥流水人家"

　　周庄到底有多美？听听它那"中国第一水乡"的头衔，就能感受一二了。周庄的历史悠久，建造于1086年，至今已经有900多年的历史。春秋时期，周庄是吴王少子摇的封地，称摇城，后又作贞丰里。真正定名叫作周庄镇，已经是康熙初年的事情了。经历过几百年的风雨历程，周庄

至今仍然保存着"水乡""集市"的风貌，整个镇上有60%的建筑都是明朝和清朝的建筑，古风犹存，拥有一种历史的沧桑美。

周庄素以诗意和风情闻名于世，它是江南六大古镇之一，是江南水乡的最佳代表。周庄的民宅更算得上是民宅中温柔贤淑的"女子"，包含了许多源远流长的吴

地文化。周庄的民宅既有粉墙黛瓦的深宅大院，又有别致灵秀的碧玉小家。周庄民宅以传统的"间"为单位，根据当地的传统习俗，开间多为奇数。这些房间虽然看上去都是独立的个体，但事实上它们都是以走廊相连，与围墙一起，形成了一座座院落。周庄的院落为了通风，周庄人会在院墙上开出一些窗户，房屋中也会为了更好的采光而多开一些窗户。周庄民宅依水而建，适应了当地的地形，是因地制宜的正面建筑例子。各个房屋之间又能做到充分利用空间，排列灵活，看上去十分美观。

周庄民宅多为穿斗式木架构，用柱子来支撑整个房子的重量，而不是用房梁。跟北方建筑相比起来，周庄民宅的屋顶比较薄，室内会铺上青石板，来应对江南潮湿的气候。周庄民宅的室内格局特色就是轻便灵巧，厅内的各个空间只用屏、门或罩之类的东西分隔，梁架上会雕刻上一些精美的图案，但是不做彩绘，显得格外朴素淡雅。

　　周庄最大的民宅建筑就是沈厅了。沈厅的构造是典型的"前厅后堂"，布局结构严谨，但局部地方却风格迥异，各有特色。厅内还安放着沈万三的坐像，坐像的前方还摆放着著名的聚宝盆。沈万三是谁？沈万三是元末明初的传奇巨商，传说他富可敌国，拥有一个能够把所有东西都变成金银珠宝的聚宝盆。这当然只是传说而已，但沈万三对周庄的影响是十分深远的。在沈厅内，这

位600多年前的巨商神情柔和地看着每一个来到这里的游客，用他传奇的一生给后人以启迪。

周庄还有很多极具特色的民俗，比如打田财、摇快船、喝阿婆茶、穿水乡服饰或丝弦宣卷表演等，若是想要真正感受到周庄的魅力，这些经典的民俗节目都是不容错过的。如今的周庄，旅游业发展得如火如荼，经济水平和知名度都得到了很大的提高。周庄已经被联合国教科文组织列入了世界文化遗产的预备清单中，获得过的褒奖更是数不胜数。

你是不是觉得很心动呢？周庄独特的江南水乡气息让它变得神秘而富有魅力，再加上一幢幢民宅如伊人般安静地立于水边。这样美丽的周庄，用"小桥流水人家"来形容它，再恰当不过了。

"园林"也可以居住

俗话说，"上有天堂，下有苏杭"，苏州享誉中外的美景让人想象一下都觉得心旷神怡，住在苏州的人该是多么的幸福啊！那么，苏州人所居住的民宅又是什么样的呢？是不是都像举世闻名的苏州园林一样，有着美不胜收的景色呢？

　　除了苏州园林之外，经过几千年岁月的沉淀，苏州还留下了大量的古民宅。这些古民宅是苏州现存的古代建筑中数量最多的一种建筑，粉墙黛瓦、依水而建，是这些古民宅共同的特色风格。苏州人喜欢将各种各样的墙式混合使用，相互连接，形成了一种高低起伏，随小巷、河流而动的外墙风景，民宅建筑也注重轻巧、雅致的特点，色彩鲜明，虚实结合，美轮美奂，不是园林，却胜似园林。每一座苏州古民宅无论是从建筑形式上，还是屋内摆设上，无不透露出一种"雅""秀""美"的感觉，吴文化的精髓随处可见。这一切都使得这座城市缓缓地散发出一种秀美的独特气质，吸引了世界各地人们的目光。

　　初次看到苏州古民宅，你或许会感到很惊讶，因为它们的格局看上去十分规整，就好像北方的四合院

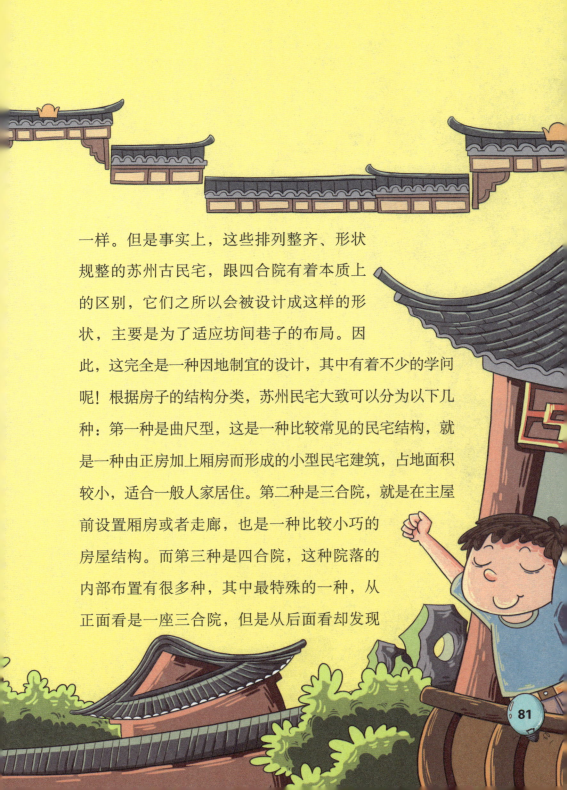

一样。但是事实上，这些排列整齐、形状规整的苏州古民宅，跟四合院有着本质上的区别，它们之所以会被设计成这样的形状，主要是为了适应坊间巷子的布局。因此，这完全是一种因地制宜的设计，其中有着不少的学问呢！根据房子的结构分类，苏州民宅大致可以分为以下几种：第一种是曲尺型，这是一种比较常见的民宅结构，就是一种由正房加上厢房而形成的小型民宅建筑，占地面积较小，适合一般人家居住。第二种是三合院，就是在主屋前设置厢房或者走廊，也是一种比较小巧的房屋结构。而第三种是四合院，这种院落的内部布置有很多种，其中最特殊的一种，从正面看是一座三合院，但是从后面看却发现是个四合院，是不是很神奇呢？

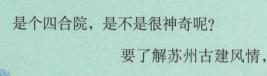

要了解苏州古建风情，不能不看那些"老豪宅"，比方说：沧浪亭、狮子林、拙政园、网师园……时至今日，它们各个大名鼎鼎，每一座都可以称作苏州园林之典范。苏州的私家造园史大约始于春秋时期，此后一路高歌向前。漫长岁月的磨砺赋予苏州园林厚重的文化底蕴，令其为中国建筑史再添重彩一笔，终在清代画上了完满句点。截至2019年底，苏州市公布的四批《苏州园林名录》中共计108处园林，其中有88处开门迎客，以便来自世界各地的游客都能一饱眼福。

苏州园林通常占地面积较小，不以恢弘大气取胜，而以玲珑精致闻名于世。另外，对于空间的完美利用，也是苏州园林最大的特点之一。走进苏州园林，

万千景致就在眼前变幻，挪一步一个样。对了，这就是所谓的移步换景，步移景迁。可喜可叹，苏州人真是幸运的，年年岁岁与美景相伴。

闭眼想一想，狮子林的狮子在等你；网师园中的琴室，小曲似乎还余音绕梁……哈哈，心动不如行动，赶紧去看看吧！

"天府之国"的房子是怎样的

四川素有"天府之国"的称号，那里土壤肥沃、水源充足，是一个物产十分丰富的地方。在四川，我们能够看到各式各样的建筑，这些建筑虽

然多是拥有平顶、四合头和大出檐的瓦房，但它们的形态却各有千秋，甚至在这片茫茫的大山中，你根本找不出两座完全一样的建筑。这些建筑散落在四川的各处山林间，像是藏在山中的精灵一样，神秘而美丽，时刻等待着人们前去探索其中的奥秘。你的心里是不是也有些蠢蠢欲动了呢？那么今天就让我们走进四川，领略一下这个天府之国的民宅建筑吧！

据专家考证，四川民居应是源于殷商时代的干栏式建筑，大多依山而建。住在房子里的人们总会想方设法，让自己一家老小住得更舒适。这样大约到了东汉，原始的干栏建筑已经豪华了不少，建筑内出现了：晒台、宽走廊……有些大屋高达三层，庭院也趋向封闭。

现存的四川古民居，大多建于清朝，其中优秀代表如：阆中古城民居、崇州市杨玉春宅第，以及峨眉山徐宅。

四川地区多山，地势崎岖、山路坎坷，绿树成荫。这山就像块巨大的画布，等着房屋与炊烟点缀其上。房与山相映成趣，当真宛如世外桃源一般。

既然不能改变山的样子，那就调整房的盖法，所以四川民居一大特点就是房随山走，平面布局相当灵活。这样一来，同一座房子不同房间的地面也会有高有低，就好像把大山圈在了家里一样。

四川古民居布局异常灵巧，几乎没有哪两家是一模一样的。走进这样一间房子你会觉得自己变高了，因为床与天花板

之间的距离，最多能容一个人挺身坐立而已。然而，一人独坐小小的房间里，抬眼就能看到漫山遍野的翠绿色，此时心灵仿佛受到了大自然的洗礼，局促空间的压迫感也就不复存在了！

　　曾评有人评价说，四川人很懂得跟大自然"撒娇"。认真想来，这话说得不是没有道理。四川民居大多依傍自然山水，人们会在山坡上挖池糖、堆石头、种竹林，最大限度使得房屋融入周

围环境当中，人工痕迹与自然交相辉映。

　　四川民宅建筑风格古朴，但是居住其中的人从未忽略对美的追求。他们会想方设法将木雕、石雕、油漆彩绘……各种工艺用到极致。如此一来，整座院落之内，天井、檐廊、柱子、天花、碉楼……由内到外，不论大小，无处不是光鲜亮丽、熠熠生辉的。

为什么说四川是"天府之国"？

　　四川地区原本比较荒芜，虽然土壤肥沃、树木繁盛，但是水旱灾害严重，再加上山地较多，非常不适合建造房屋。直到秦太守李冰在四川的成都地区修建了都江堰水利工程，才使成都变成了"水旱从人，不知饥馑"的地方。此后，四川便被人们称为"天府之国"了。

谁是民宅中的艺术品

在中国有这样一座古城：一湾碧绿的沱江水轻柔地抚过它的每一寸肌肤，一座座古朴典雅的明清建筑架构起它的强劲筋骨。它那断墙残碉写就的历史和巫傩文化正缠绕在青山深处、土砖缝

隙和白发老人的皱纹里，散发出迷人的光亮。它就是湖南的凤凰古城。

　　凤凰古城是中国著名的文化古城之一，始建于明嘉靖年间，经历了400多年的风风雨雨，如今依然有大量的古代建筑被完好地保存了下来。值得一提的是，凤凰古城自古以来便一直是苗族人和土家族人的聚居区域，所以这座古城内不仅有着大量明清时期的民宅建筑，还有很多极具少数民族特色的民宅建筑，可以说是一处古建筑文化的聚集地。

　　现在的凤凰古城分为两个城区，凤凰古城的古民宅一般都分布在老城区。凤凰的老城区依山傍水，保留着最为原始、纯粹的

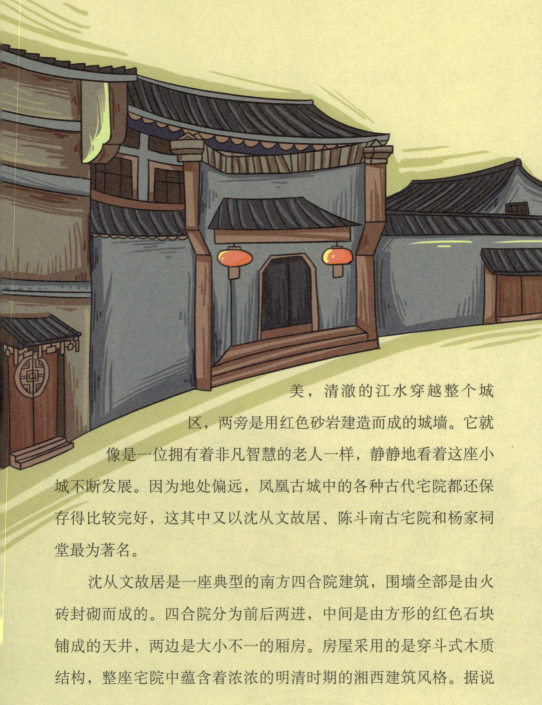

美，清澈的江水穿越整个城区，两旁是用红色砂岩建造而成的城墙。它就像是一位拥有着非凡智慧的老人一样，静静地看着这座小城不断发展。因为地处偏远，凤凰古城中的各种古代宅院都还保存得比较完好，这其中又以沈从文故居、陈斗南古宅院和杨家祠堂最为著名。

　　沈从文故居是一座典型的南方四合院建筑，围墙全部是由火砖封砌而成的。四合院分为前后两进，中间是由方形的红色石块铺成的天井，两边是大小不一的厢房。房屋采用的是穿斗式木质结构，整座宅院中蕴含着浓浓的明清时期的湘西建筑风格。据说当年沈从文的祖父辞官回乡，买下了这块地皮，又在这块地皮上修建了这座四合院式的楼房。这座楼房经历了上百年间的风吹雨打和兴衰演变，到了沈从文这辈已经是第三代了。现在的沈从文故居已经成为了凤凰古城中一道最具吸引力的人文景观，引得各路游客驻足观赏。

再来说说陈斗南古宅院。陈斗南古宅院建于清朝光绪年间，是一座属于四水归堂的回廊式院落，四周砌着又高又厚的防火墙，属于典型的江南四合院格局。陈斗南古宅院有着十分风光的历史，这座宅院里一共出过两位少将，为我国作出了巨大的贡献。现在立于陈斗南古宅院里的陈氏祖宗泥塑，是极具传奇色彩的"泥人张"的徒弟张秋潭的作品，已被列为国

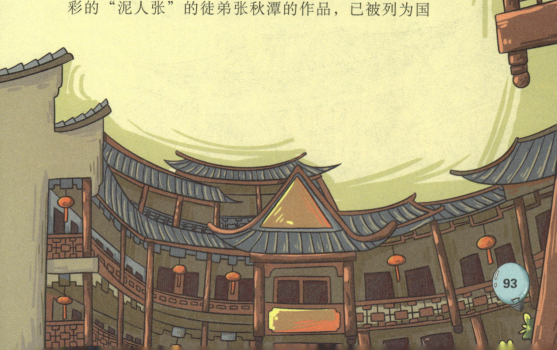

家级的艺术作品。现在的陈斗南古宅院不仅可以供游客们游玩观赏，还成为了众多影视作品的拍摄基地。所以你可千万别急着断言自己从来没有见过陈斗南古宅院，说不定在哪部电视剧中，你就已经见过了它的靓影了呢！

最后让我们来说说杨家祠堂吧！

杨家祠堂紧邻古城区的古城墙，建于清朝道光年间，也是一座典型的南方四合院式建筑，包括戏台、廊房和正厅等，房屋都是木质结构的两层小楼，占地面积很广。戏台大约高16米，采用的是穿斗式的建造方法，四根起支撑作用的台柱上雕满了精美的龙凤图案。整个戏台建造得十分精美，民族风情极其浓郁，已被列为当地的重点文物保护单位。正厅是一座典型的抬梁式建筑，有一间明房和两间暗房，在它的两边还各有一座厢房。此外，每

一扇门窗上都雕刻着精美的花纹，做工十分精细，这也使得整个杨家祠堂都彰显出一种鲜明的民族特色和极高的建筑造诣。

在凤凰古城中，除了这些古色古香、精美典雅的古民宅之外，还有许多其他极具特色的古建筑。其中，南方长城已随着凤凰古城的逐渐繁荣而渐渐被人们所关注，它是中国历史上工程最为浩大的古建筑之一，也从侧面向现代人展示了一个古代皇朝的经济文化和社会活动，更体现出了当时汉族对少数民族所采取的政治政策，拥有很高的历史研究价值。

凤凰古城中的特色建筑当然远远不止这几座，像万名塔、沙湾的吊脚楼和万寿宫等，都具有浓厚的地方特色。凤凰古城就像是一壶陈酿的美酒，随着时间的增长，其酒香也愈发甘醇，它也将一直以"湘西明珠"的姿态，优雅地招待着世界各地慕名而来的游客们。

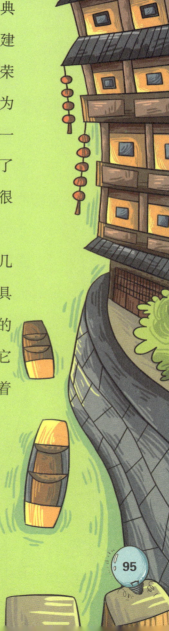

上海的民宅建筑为什么具有西洋风情

上海素来被人们称为"万国建筑博览会"，走在外滩上，你可以看到道路两侧矗立着各式各样的外国建筑。细细数来，有哥特风的、罗马风的和巴洛克风的，等等。真是只有你想不到的，没有你看不到的！

受到这些外国建筑的影响，上海近代的普通民宅也渐渐地吸收了许多异国的建筑风格，在这座古老与时尚相结合的城市中大放异彩。说起上海的民宅建筑，那可真是琳琅满目、各具特色，数不胜数。在这些民宅中，最为典型的就是石库门。这种石库门

源于我国北方地区传统的四合院，后来又受到了外国建筑文化的影响，最终于19世纪后半期形成了一种由木结构加砖墙承重所组成的民宅建筑。因为这种民宅外门的门框通常是以石料制作而成的，所以被人们称为"石库门"。可以说，石库门建筑的出现是西洋建筑文化与中国传统民居文化交融之后的一个中西合璧的成果。由此，中国传统大家族的居住模式逐渐被打破，小家庭的形式开始渐渐出现，一种专属于上海的弄堂文化开始盛行起来。

在20世纪20年代初期，石库门开始在上海流行起来，甚至占到了当时民宅总数的四分之三以上。直到现在，依然有40%的上海居民居住在这些历经了一个多世纪风雨的石库门里。石库门的布局结构比较精巧，基本上都是砖木结构的两层楼房。这种楼房有着坡形的屋顶，在屋顶上面还会开出一扇老虎窗。这些楼房的

外墙一般都是由红砖堆砌而成，弄堂口一般还会有一座中国传统样式的牌楼，古朴的风味非常浓郁。

当然，被称为"万国建筑博物馆"的上海，所拥有的特色民宅并不仅限于石库门这一种，后来出现的新式弄堂住宅也极具特色，成为许多上海居民心仪的居住场所。新式弄堂最早出现在20世纪20年代后期的外国租界里，是一种比石库门更接近欧式建筑的民宅。这种民宅的建筑结构混合多变，以高度的实用性和功能齐全见长。这种房子的正面通常都会被安装上巨大的玻璃阳台，因此采光和通风条件都极好，房中那种中国传统的民宅格局也已渐渐淡去，取而代之的是更加科学合理的布局结构和更加舒适的住房条件。

除此之外，那些建在高楼大厦中的公寓民宅也是近代上海建筑艺术的集大成者。走在上海的大街上，我们经常能看到各式各样的高楼建筑，比如坐

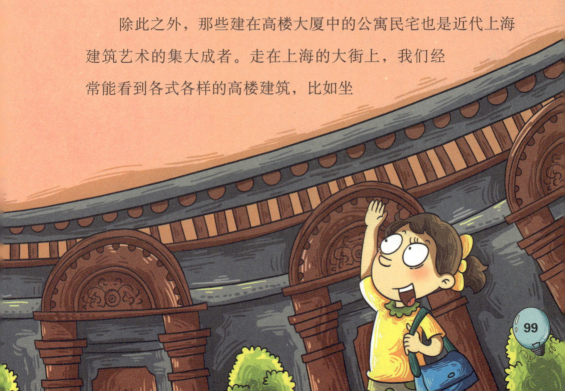

落在淮海路上的永业大楼。它采用了四方攒顶式的圆形房顶，大楼的曲线也很特别，看上去韵味儿十足，充满朝气。而淮海路上另外一座被称为"上海最早的外廊式公寓"的武康大楼，设计精巧，线条流畅，即使周围环绕着许多繁华绝伦的现代化高楼，也丝毫不逊色。

最后让我们再来说说上海的洋房吧！说起洋房，你一定能想到在电视剧中出现的那些漂亮的别墅，它们普遍都拥有大面积的

草坪、造型独特的宅邸，甚至在院子里还建有游泳池和高尔夫球场这些象征着豪华富贵的设施。这类洋房兴起于20世纪30年代左右，主要是一些高官、外商或艺术家等有钱人的居所。这些洋房千姿百态、各有千秋，有法国式的、西班牙式的、挪威式的，甚至还有英国乡村式的。但它们看上去都富丽堂皇、高雅贵气，即使到了现代，这些饱经风霜的洋房也难以掩饰其自身的魅力，向人们诉说着那个年代所特有的故事。

上海还有一种"工房"，因为结构简单、空间狭小，也被人们称为"火柴盒"。这种房子是解放之后由政府组织建立的，为的是解决当时上海居民在住房上的燃眉之急。因为战争，上海市区的供房一度很紧张，有些两层的老房子中甚至挤着70多个人！

随着城市的发展，上海居民逐渐淡化了他们固有的地域观念，小区房如同雨后春笋一般，在上海这座城市拔地而起。这些

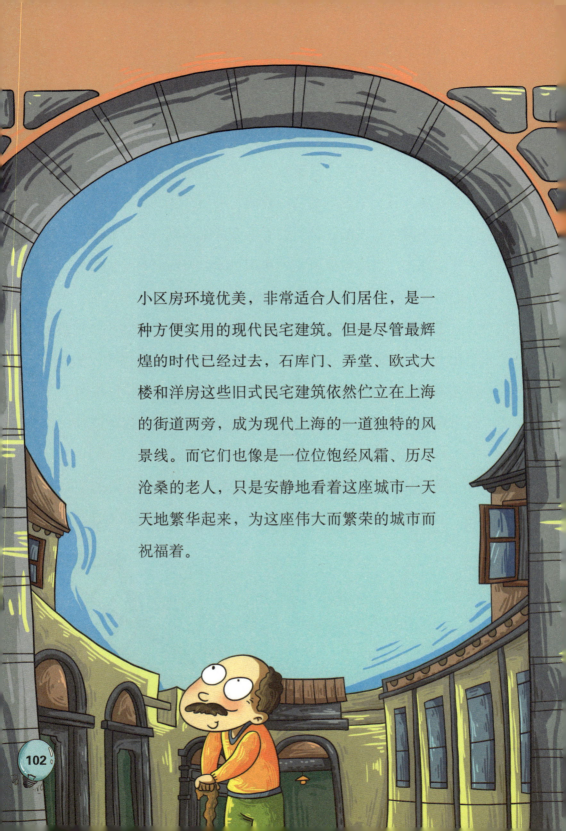

小区房环境优美，非常适合人们居住，是一种方便实用的现代民宅建筑。但是尽管最辉煌的时代已经过去，石库门、弄堂、欧式大楼和洋房这些旧式民宅建筑依然伫立在上海的街道两旁，成为现代上海的一道独特的风景线。而它们也像是一位位饱经风霜、历尽沧桑的老人，只是安静地看着这座城市一天天地繁华起来，为这座伟大而繁荣的城市而祝福着。

名字奇特的潮汕民居

在潮汕的农村，我们经常能够看到各式各样的民宅建筑。这些民宅非常与众不同，它们一般都是朝向东南方的，之所以这样设计是为了能够抵御冬季的寒风，并在夏季接收到凉爽的南风。潮汕的当地人一般以自己家中的经济实力来决定房屋建造的基础，并且习惯用动物的名称对建造出的房子进行命名，比如"四点金""下山虎""四马拖车"等。那么这些拥有千奇百怪的名字的建筑之间有什么不同呢？现在就让我们去——

领略吧。

　　潮汕地区民宅多以动物的名字冠名，唯独"四点金"例外，这是由它的特殊地位决定的。当年的"四点金"多为富家宅院，工程造价也是非常昂贵。围墙的包裹让"四点金"形成了一个独立的院落，院内会挖一口井，供给主人家日常用水。

　　推开"四点金"的大门，首先会望见全院的前厅，前厅两侧各有一间房，它们就是"前房"。通过前厅之后，你就会看到天井了，而且是一座占地面积较大的天井。它既是居民的休闲娱乐场所，也可以用来洗菜、洗衣。天井

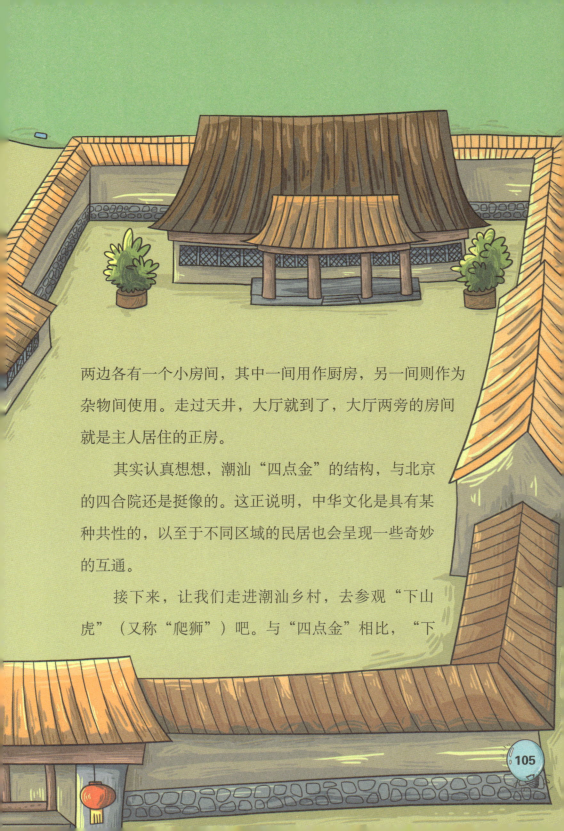

两边各有一个小房间，其中一间用作厨房，另一间则作为杂物间使用。走过天井，大厅就到了，大厅两旁的房间就是主人居住的正房。

其实认真想想，潮汕"四点金"的结构，与北京的四合院还是挺像的。这正说明，中华文化是具有某种共性的，以至于不同区域的民居也会呈现一些奇妙的互通。

接下来，让我们走进潮汕乡村，去参观"下山虎"（又称"爬狮"）吧。与"四点金"相比，"下山虎"结构简单，由三面房屋一面墙壁组成，正屋为三开间居中，中央开间是客厅，两侧各一大房。它造价相对低廉，而且没有那么多的规矩。表面上看，"下山虎"少了两间前房，大门的朝向也很随意，可以开正门也可以开边门。那种中间不开门而两边开门的"下山虎"，也被当地居民称作"龙虎门"。

最后让我们来讲讲潮汕民居的重头戏——"四马拖车"吧！"四马拖车"又叫作"三落二火巷一后包"，可以说是"四点金"的升级版。"四马拖车"的结构很复杂，在原来"四点金"的基础上还增加了通廊、火巷、南北厅和后库等建筑。总的来说，整个房子的建筑格局就像是一匹马拉着车子一样，所以叫"四马拖车"。这些民居的结构如此繁复，而且每处结构又都有自己独特的作用，想必让你的大脑有点混乱了吧。但不管是典型的"四点金"、质朴的"下山虎"，还是复杂的让人有点难以想象的"四马拖车"，它们都有一个共同的特点，那就是它们都极其注重屋内的装饰。俗话说

得好，"京华帝王府，潮汕百姓家"。潮汕居民在装修房子的时候那可真是费了不少功夫。比如，他们讲究要将木料漆成红色，椽子则要漆成蓝色，还要将墙头装饰成"金、木、水、火、土（圆、陡、长、尖、平）"五种造型，甚至还运用传统的嵌瓷工艺，在屋顶的重要部分贴上五颜六色的立体瓷片，使得整间屋子既显得生动活泼，又处处散发着一种古色古香的味道。

潮汕地区分布在沿海地带，因而经济通常都比较发达，很多名门望族都聚居在这里，也就直接造就了潮汕民宅别具一格的特色。

关于潮汕民宅，还有一个美丽的传说。据说很久以前，潮汕地区的房屋是十分简陋的，人们都住在茅草房甚至是树叶做成的房子里，生活十分凄苦。后来，一户姓陈的人家生了一个女婴，这个女婴天生长得非常黑，又整天放牛、做农活，年纪不大就晒得像碳一样黑，再加上她长得也不是很漂亮，因此村里人都喊她"乌姿娘"。乌姿娘长大之后，有一天刚刚放牛回到村子里，就看到村头有很多人聚在一起，叽叽喳喳地不知道在说什么，很是热闹。乌姿娘便好奇地牵着牛上前打听，原来村中来了一位国师，这位国师要在村里找一位"身骑麒麟，头戴凤冠，手拿拂尘"的娘娘。乌姿娘一听，更加感兴趣了，想要挤进人群去看

个究竟。但是人山人海的，娇小的乌姿娘又怎么挤得进去呢？于是她灵机一动，转身坐上牛背，喊道："身骑麒麟，头戴凤冠，手拿拂尘的娘娘在此！"众人听了，都回头看她。那国师一看到乌姿娘，瞬间展开了笑容，原来乌姿娘骑着的牛就象征着麒麟，她手中的牛鞭就是拂尘，她头上的斗笠就是凤冠。国师忙叫人请乌姿娘下来，却把乌姿娘吓得从牛背上跌落下来。说来也真是奇怪，乌姿娘本是貌不惊人、皮肤黝黑，从牛背上跌落下来之后居然变成了一个国色天香、皮肤白皙的绝色美女！

国师将乌姿娘带回了皇城，皇上非常喜欢她，没多久就将乌姿娘封为皇后。于是，村子里其貌不扬的乌姿娘，摇身一变成了倾国倾城的陈皇后。但是陈皇后嫁给皇上之后并不开心，一日，风雨大作、雷电交加，陈皇后看着外面的天气不禁皱起了眉头。皇上便问她在想什么，陈皇后告诉他，虽然她现在住在皇宫中，吃穿用度都是最好的，但是在她的家乡，很多人都还住在茅草和树叶建成的房子当中，遇到这种狂风大作的天气，估计很多人都要流离失所了。皇上一听，马上下了一道诏令，拨了一大笔银两为陈皇后家乡的人们建造房子，还让当地的能工巧匠进宫学习一些建筑技艺。不久之后，潮汕地区就陆续开始出现各种各样精巧绝伦的房子了，人们也过上了幸福的生活。

海草也能搭房子

在我国山东省的一些渔村里，我们能够看到一种非常奇特的房子。这种房子跟一般的建筑物不同，它们的墙体材料是石头，但是它们的屋顶选材却是从大海中捞上来的厚厚的海草，因此这些房子就好像是童话世界里的小草屋一样。你一定感到很疑惑，海草这么柔软的植物也能够搭建房子吗？其实，由这种海草搭成的海草房，不仅牢固，还很实用舒适呢！

这些海草房主要分布在我国胶东半岛的沿海边缘，曾经是当地渔民们非常喜爱的一种民宅建筑。用来堆砌海草房的墙体的石块，基本上不进行切块和打磨，而是直接将找到的大石头堆围成墙，这样的墙体看上去具有一种粗犷的美感，但或许也只是因为当地人对于墙体的建造不太讲究罢了。海草房的亮点在于它的屋顶，海草房的房顶呈"人"字形，坡面角度极大，据说是为了能够更好地排水。用来制作屋顶的海草是一种生长在浅海的大叶野生藻类，这些海草刚刚捞上来的时候是非常好看的青色，但是晒干之后就会变成紫褐色，柔韧性非常好。当地的渔民说，老的海草比嫩的海草要好用，春季和冬季生长的海草也比夏季的海草要

结实。那么，当地人又是怎么收集海草的呢？其实很简单，这些海草在长到一定长度之后，就会一团团地随着海浪被冲到岸边。谁家要盖房子了，就可以去岸边将这些海草收集起来，晒干整理好，等到要盖房子的时候就不愁没有材料了。除了收集方便，更重要的是，这些海草中含有大量的卤和胶质，不仅能够防火、防虫蛀，还能起到保温和挡风的作用，冬暖夏凉，百年不烂，不愧为在世界上都能占有一席之地的"生态民宅"。

搭建海草房是一门技术活儿，你可别以为盖海草屋顶很简单，当地人将这个过程称为"苫房"，这可是一门非常难学的手艺。苫房的过程跟建造瓦房的过程很相似，就是将海草一层压一层地苫好，中间再掺杂一些麦秸，让房顶更加牢固。但是想要将海草苫得密不透风、严严实实，却要花费很多的精力，据说，

想要苫好一间海草房通常需要花掉5000多千克的海草，并且需要三四个经验丰富的"苫匠"花上十几天的时间才能完工。

海草房的历史十分悠久，据说在新石器时代就已经作为人类的栖息地而出现了，但那时的海草房还很简陋，根本称不上是一种民宅。直到秦汉以后，海草房才作为一种造价便宜、因地制宜的民宅建筑广泛地流行起来。到了元、明、清时期，海草房更是迎来了它的鼎盛时期，不仅在制作工艺上有了长足的进步，也因为它独特的建筑风格和实用经济的特点而受到了越来越多渔民的喜爱。直到现在，位于胶东半岛最东部的荣成港的巍巍村中还保留着20多座海草房。它们已经有200多年历史了，身上长满了青苔，每一个缝隙中都透出一股沧桑年迈的味道，却依然伫立在海边，日复一日地眺望着大海。

跟我国古代其他著名的民宅建筑一样，随着时代的发展，在历史上有过卓越成就的海草房也不可避免地渐渐退出了人们的视界。虽然这其中的原因有很多，但其中最为主要的还是因为随着海洋经济的发展，近海养殖业变得繁盛起来，渔民们用来养殖牡蛎和海带的网拦住了那些被海浪冲向岸边的海草。正所谓"巧妇难为无米之炊"，失去了最重要的原材料，海草房还怎么搭建呢？再加上房屋建筑工业的发展，渔民们普遍住进了更加现代化的房子，这种房子经过改良之后不但保留了海草房的优点，而且更加精致和舒适。

　　说到这里，你也许会为这种极具特色的民宅的消失而感到惋

惜，但人类的历史是不断向前发展的，在这个过程中，会有很多新事物出现，同样也必然会有很多旧事物逐渐消亡。虽然海草房的消失已经不可避免，但无论如何，海草房在历史上对人类作出的贡献还是会永远被人们铭记的。海草房所传承的是一种生态民宅文化，千百年来为生活在海边的无数渔民提供了一个温暖舒适的家，它彰显了我国古代人民的非凡智慧。

乔家大院有什么秘密

如果你喜欢看电视剧，那你可能听说过一部叫作《乔家大院》的电视剧，剧中再现了乔家的兴衰，表现了一个时代的变化和一种文明的变迁。那么，作为电视剧中主要场景地的"乔家大院"，你又是否熟悉呢？今天就让我们走进乔家大院，来探索这座神秘大宅的秘密吧！

许多人都说"皇家有故宫，民宅看乔家"，乔家大院可以说是中国封建社会民宅中的骄傲，自建成开始就受到了世人的称

赞。乔家大院又叫作"在中堂"，坐落于山西省的乔家堡村，是清代著名晋商乔致庸的府邸。乔家大院融合了北方民宅许多样式的特色，具有浓厚的地方风味，被人们称赞为"北方民居建筑史上一颗璀璨的明珠"。乔家大院属于全封闭城堡式建筑，面积达4000多平方米，三面临街，独立于周围的民宅建筑中，有如鹤立鸡群一般。乔家大院的外部是完全封闭的围墙，有10多米高，期间点缀着垛口、更楼、眺阁等，看上去十分的壮丽威严。从高空中看乔家大院，你会发现它的院落布局中有一部分呈"囍"字，象征着大吉大利、吉祥如意。

乔家大院坐西朝东，一走进大门，就能看到一条几十米长的

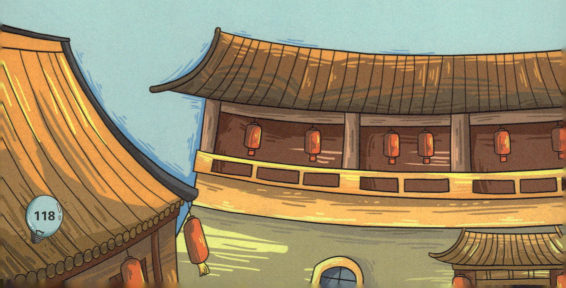

石铺道路，这条宽阔的石板路将院中的房屋分成了南北两部分。南北两面各有三个大院，北面的从东往西分别叫作老院、西北院和书房院；南面的分别叫作东南院、西南院和新院。大院的最西侧，是乔家的祠堂，与大门遥相辉映。大院中还有门楼、更楼、眺阁和四座主楼。各个楼层的房顶之间都是相通的，可以供巡逻人员行走，所以乔家大院的楼顶也是一处十分有趣的地方呢。乔家大院的井然有序和富丽堂皇反映出了我国北方地区民宅建筑的主格调，虽然从整体上看十分的整齐规范，但若是仔细观察，你就会发现院中的每一座建筑都有着自己的独到之处。比如矗立于房顶上的那140多个烟囱，不同的雕刻和造型，让这些烟囱看上去各具特色、十分新奇。总之，整个乔家大院能带给所有人一种威严感，它严谨的布局和考究的建筑都无不让人肃然起敬。

乔家大院始建于清朝的乾隆年间，之后又经历了两次增修和一次扩建。大院的第一次增修是在清朝同治年间，第二次增修是在光绪年间，最后一次扩建是在1921年，三次修建加起来共历经了两个多世纪。所以说，乔家大院是一座不断发展的民宅，也是一座经过几代人的努力才辛苦打造出来的经典居所。它将我国北方民宅的许多特色都淋漓尽致地发挥了出来，集中体现了清朝建筑的特色，是民宅文化产物中一颗珍贵的明珠。

　　2002年，乔家大院被国家旅游局评为4A级旅游景区。因为

乔家大院独特的建筑风格以及它在历史跌宕中的沉沦经历，让许多人都充满了好奇，不禁想要马上来到这座神秘的大院中，探索它那些被历史的尘埃所掩盖的秘密。除了曾作为电视剧《乔家大院》的拍摄基地之外，张艺谋导演早期的优秀电影《大红灯笼高高挂》，也是在这座大院里拍摄的呢。

《大红灯笼高高挂》讲述了一段怎样的故事？

《大红灯笼高高挂》是由苏童的小说《妻妾成群》改编而成的一部电影。电影讲述了民国时期的女学生颂莲，被她那贪财的母亲嫁去陈府做四姨太，在陈府中妻妾之间的钩心斗角和封建礼教的束缚中渐渐丧失了自我，成为"一夫多妻"制的封建大家庭中又一个牺牲品的故事。